RÉFLEXIONS

SUR

LE MERCURE,

SUIVIES DE PLUSIEURS OBSERVATIONS DE MALADIES

GUÉRIES PAR CE MÉDICAMENT,

LUES A LA SOCIÉTÉ DE MÉDECINE DE NIORT;

PAR

LE DOCTEUR A. BARBETTE,

PRÉSIDENT DU CONSEIL DE SALUBRITÉ ET MEMBRE DU JURY MÉDICAL

DU DÉPARTEMENT DES DEUX-SÈVRES.

———⋞⋟———

NIORT,

IMPRIMERIE DE MORISSET, RUE DES HALLES, 59.

1837.

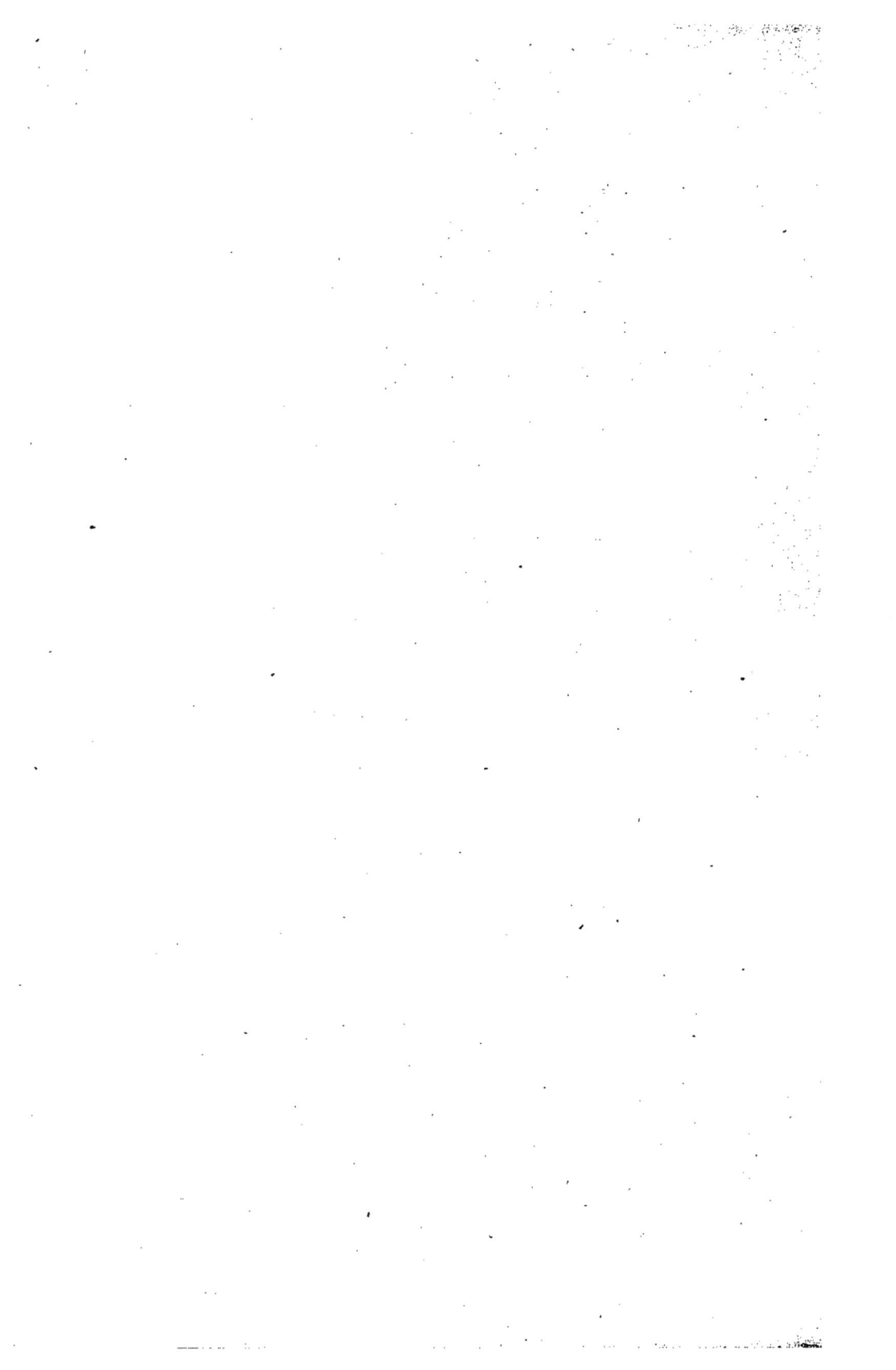

1e 764

RÉFLEXIONS

SUR LE MERCURE.

RÉFLEXIONS

SUR

LE MERCURE,

SUIVIES DE PLUSIEURS OBSERVATIONS DE MALADIES

GUÉRIES PAR CE MÉDICAMENT,

LUES A LA SOCIÉTÉ DE MÉDECINE DE NIORT;

PAR

LE DOCTEUR A. BARBETTE,

PRÉSIDENT DU CONSEIL DE SALUBRITÉ ET MEMBRE DU JURY MÉDICAL

DU DÉPARTEMENT DES DEUX-SÈVRES.

NIORT,

IMPRIMERIE DE MORISSET, RUE DES HALLES, 39.

1837.

RÉFLEXIONS

MERCURE,

SUIVIES DE PLUSIEURS OBSERVATIONS DE MALADIES

GUÉRIES PAR CE MÉDICAMENT.

———

Messieurs ,

La polypharmacie, cet art indigeste qui consiste à employer, sans les comprendre, une foule de médicamens, régna exclusivement en France aussi long-temps que le système de Broun, renouvelé à peu de chose près dans la nosographie philosophique de Pinel, y fut l'unique base de l'instruction médicale. Paraissait-il une formule nouvelle, un amalgame qu'on n'eût pas encore fait, une substance végétale fraîchement arrivée de l'Amérique ou de l'Asie, chacun s'en emparait pour l'exploiter à sa manière,

et c'était à qui citerait le plus grand nombre de gué-
risons obtenues. Mais lorsque l'anatomie pathologique fut devenue le guide des médecins, on ne tarda
pas à replonger dans les ténèbres de l'oubli toutes ces
drogues nauséabondes parmi lesquelles quelques-
unes n'eussent jamais dû en sortir. Ainsi disparurent
presque entièrement de la médecine pratique, avec
les catholicons simples et doubles, les épulotiques,
les électuaires composés et les poudres d'Alliaud, les
dragées de Keyser, les pilules de Smith, les em-
plâtres de la Mothe, et ce merveilleux ipécacuanha
dont l'application dans la dyssenterie était payée des
milliers de louis à l'empirique Helvétius.

Cependant, comme il est rare qu'on sache s'arrê-
ter où il le faudrait, on ne se contenta pas de rayer
de la matière médicale un grand nombre de médicamens dangereux ou inertes ; mais on en proscrivit
également plusieurs qui avaient reçu la sanction du
temps, ce capricieux vieillard si avare de ses faveurs.
Malgré les protestations réitérées de Chrysippe,
d'Erasistrate, de Vanhelmont et de beaucoup d'autres
contre les émissions sanguines, et au risque même
d'évoquer les mânes de Guy Patin et d'Hecquet*,
la médecine physiologique ne s'en obstina pas

---

* Guy Patin aimait tant la phlébotomie qu'il saignait son fils
vingt-trois fois dans une pleurésie ; quant à Hecquet, il faisait indiffé-
remment saigner tous ses malades, et on sait que c'est lui qui donna à
Lesage l'idée de son docteur Sangrado.

moins à voir la plus grande partie de l'art de guérir dans la saignée et l'application des sangsües. Il résulta donc de là qu'un grand nombre de bonnes observations sur l'action des remèdes, demeurèrent ensevelies dans nos Traités de thérapeutique, et qu'elles furent, un instant, comme perdues pour les progrès, déjà si lents, de la médecine pratique.

Heureusement qu'il existe, pour la conservation des faits et la diffusion des lumières, encore quelques hommes avec lesquels il est satisfaisant de se ranger. Nous voulons parler de ceux qui étudient les sciences pour elles, applaudissent sans passion aux révolutions utiles qu'elles subissent, en conservent le précieux dépôt dans le seul intérêt du bien général, et représentent de cette manière l'opinion publique, qui décide en souveraine et choisit, au milieu des assertions les plus opposées, quoique présentées avec la même assurance. Avec ces hommes on ne repousse rien et on ne s'engoue de rien ; mais on examine, on écoute, on expérimente ; et quand on se prononce, c'est avec la plus grande circonspection et comme en faisant ses réserves. S'agit-il d'un procédé ancien ou nouveau ; de la saignée, par exemple? Eh bien! on la pratique, s'il le faut, mais on la fait sans enthousiasme, sans prononcer d'exclusion contre tout autre moyen thérapeutique, et surtout sans répéter ce vers de Joachim de Bellay, sublime aux yeux de quel-

ques-uns , et que je trouve , moi , profondément
ridicule :

O bonne , ô sainte, ô divine saignée!

Les médecins éclectiques (car ceux dont je viens
de parler , méritent ce beau nom) se conduisent de la
même manière à l'égard de tous les autres modificateurs de l'économie , et plus particulièrement à
l'occasion de l'émétique , du kermès et de l'antimoine, qu'ils n'ont jamais cessé d'administrer, malgré les puériles proscriptions du Châtelet et des
parlemens , qui eussent mieux fait de porter leur
attention sur les procès des Calas et des Labarre , que
de s'occuper, sans les comprendre , de matières mé-
dicales.

Ce n'est pas , au reste , seulement de nos jours
qu'une heureuse hardiesse a su rendre salutaires les
substances les plus redoutées des malades et des ma-
gistrats , et lever , en quelque sorte , la barrière
qui sépare les poisons des médicamens. Éclairée par
le hasard, ou guidée par le raisonnement, la médecine s'est appropriée, dans tous les temps , une infi-
nité d'agens de destruction dont elle a su faire un
utile usage. Parmi eux je pourrais citer , après ceux
que j'ai précédemment désignés, les sels de zinc, le
sulfate de cuivre , le muryate de barythe , le sous-
nitrate de bismuth , le nitrate d'argent , etc. , etc.
Mais , ce qu'elle a toujours repoussé avec indigna-

tion , c'est cette polypharmacie ignorante et pourtant prétentieuse, qui voudrait faire admettre, comme des remèdes précieux , des composés tellement hétérogènes, qu'il est impossible d'expliquer leur action dans les maladies.

Parlerons-nous maintenant de l'usage ou de l'abus en médecine de médicamens d'une autre nature ? de ceux qui ont été appelés narcotico-âcres, à cause de leurs effets présumés sur les tissus où ils sont déposés ? Parlerons-nous de la jusquiame , de la belladone, du datura stramonium , du rhus toxicodendron , de la nicotiane , qui produisent si souvent tour à tour, suivant que la main qui les emploie est habile ou meurtrière, des résultats qu'on regrette ou dont on se félicite ? puis enfin , de cette production orientale si connue, de l'opium et de ses composés , sans lesquels celui-ci proclame qu'il ne voudrait pas pratiquer la médecine, pendant que celui-là les considère comme les poisons les plus dangereux? Pour mon compte , je me garderai bien de vous en entretenir; car, voulant demeurer, à l'égard de tous ces puissans modificateurs, dans un prudent pyrrhonisme, je ne veux déverser sur eux ni louanges ni blâme. Je laisse volontiers à d'autres plus hardis cette obstination systématique qui adopte tout ou qui repousse tout sans examen , et je le fais avec d'autant plus d'empressement, que les malades qui, dans toutes nos dissertations sont la fin que nous nous

proposons , n'ont véritablement plus d'espoir qu'en
Dieu, quand le médecin s'approche de leurs lits avec
des théories absolues et inflexibles.

Mais , un fait bien remarquable en médecine , et
qui doit être , pour les observateurs , un objet cons-
tant de réflexions et de scepticisme , c'est que jamais
on n'a été plus disposé à employer les médicamens
actifs contre lesquels les médecins physiologistes ont
le plus protesté , que de nos jours. Quel singulier
et étonnant retour, en effet , vers la matière médicale
et les vertus salutaires des substances chimiques et
végétales , que celui que nous observons en ce moment ! Vieilles et nouvelles habitudes, routine ignorante , répugnances mal conçues , tout a disparu
devant la vérité utile et simple. On pourrait même
dire qu'à aucune autre époque la médecine pratique
n'a eu , entre ses mains , des modificateurs aussi
puissans , disons le mot, des poisons aussi énergiques.
Quelles seraient effectivement les préparations de
l'ancienne pharmacopée qu'on oserait mettre sur la
même ligne que la morphine , la codéine , l'acide
prussique, la strychnine, l'iode, le cyanure de potas-
sium, les nombreux iodures, l'huile de croton tiglium,
le chlore , le brôme , etc. , etc. , dont nous devons l'application thérapeutique si exacte et si savante à l'il-
lustre Magendie ? L'utilité de toutes ces substances
est déjà reconnue depuis plusieurs années , et si
quelques praticiens éclairés éprouvent encore de la

répugnance pour s'en servir , cet éloignement disparaîtra promptement devant les nombreux résultats de l'observation clinique qui en font connaître chaque jour la salutaire et précieuse importance.

En même temps qu'on a adopté des remèdes nouveaux , on a vu les préjugés qui existaient contre certains remèdes anciens s'affaiblir peu à peu et cesser enfin tout-à-fait. Parmi les agens médicamenteux réhabilités, nous citerons le mercure et les nombreuses préparations qui en dérivent , parce qu'après avoir été dépouillés de toutes leurs prérogatives, voire même de leurs vertus anti-syphilitiques par l'école moderne , ils sont préconisés maintenant comme des abortifs énergiques dans les phlegmasies les plus profondes comme dans les inflammations les plus vives du système cutané.

Si j'avais à m'expliquer dès-à-présent sur les effets du mercure et sur son *modus faciendi* dans les affections contre lesquelles on l'oppose , je dirais qu'il me semble agir à l'égard de quelques–unes d'entre elles ainsi que le font effectivement les antiphlogistiques. Certainement qu'il ne procède pas absolument comme des saignées générales , des sangsues , des bains et des applications sédatives ; mais sans que je sache précisément comment il s'y prend , il me suffit de voir qu'il détruit une inflammation , pour que j'en conclue qu'il est opposé à l'inflammation , et qu'il mérite , par conséquent le nom d'antiphlogistique.

On ne pourrait raisonner autrement sans manquer aux lois de la logique la plus vulgaire. C'est de cette manière , en effet, que le mercure employé à haute dose vers le déclin des inflammations , s'est montré utile , et notamment dans la péritonite, la céphalite, la péricardite , l'érysipèle, le panaris et encore dans d'autres phlegmasies. Et remarquons bien qu'il est nécessaire que cet agent , dans tous ces cas , se soit comporté comme un antiphlogistique ; car, s'il eût agi autrement , par exemple , comme un révulsif , on aurait vu les signes de la révulsion se manifester dans les vaisseaux lymphatiques , dans les glandes , et comme terme à peu près certain, dans les glandes salivaires où un ptyalisme alarmant se fût développé.

Mais , si j'osais pénétrer davantage dans la question que je viens de soulever , je vous dirais que le mercure procède , dans les inflammations et dans la plupart des affections où on le fait intervenir , en détruisant plus ou moins vite la force, la puissance de cohésion de nos solides et de nos liquides. N'est-il pas reconnu aujourd'hui que les différens organes , dont la réunion forme l'économie animale , et dont les élémens , toujours les mêmes , sont la fibrine , la gélatine, l'albumine, etc. , se décomposent très-facilement chez la personne qui a subi un ou plusieurs traitemens par le mercure ? N'est-il pas vrai également qu'on ne saurait expliquer , d'une manière satisfaisante , cette transformation atonique , qu'en

admettant une diminution profonde dans l'énergie
vitale de cette personne? Et en effet, c'est que, dans
ce cas, l'opération dissolvante des molécules mercurielles relâche, par son action réitérée, les liens qui
unissent les différens tissus ; elle dénature l'assimi-
lation dans le sang et dans tous les organes; le malade perd de sa force musculaire , il devient bouffi ,
pâle , puis il éprouve une perte notable dans son em-
bonpoint; le système nerveux s'exaspère, comme cela
a lieu chaque fois que les autres systèmes tombent
dans l'atonie : enfin on remarque alors des mouve-
mens plus ou moins désordonnés ; puis , un état de
marasme et tous les symptômes d'une diathèse scor-
butique.

Si les choses se passent comme nous venons de le
dire , nous ne voyons plus qu'il soit déraisonnable
de penser que le mercure, agissant à haute dose dans
un court laps de temps, puisse détruire en quelques
jours une inflammation même assez considérable ;
car si l'inflammation procède, en concentrant les propriétés vitales sur un point déterminé de l'économie,
nous venons de voir que le mercure agit en sens opposé,
c'est-à-dire, en dispersant, en écartant, en amoindris-
sant enfin ces mêmes propriétés. Cette hypothèse , qui
expliquerait toute seule comment cet agent peut être
considéré comme un antiphlogistique , est susceptible
d'un développement que je n'ai ni le temps ni la force
de lui donner ; d'autres le feront sans doute ; je me

contenterai dans ce moment , pour demeurer dans *le doute* qui me convient , dans le *je ne sais* de Montaigne , de faire observer à ceux qui se hâteraient trop d'exalter les vertus antiphlogistiques du mercure , qu'on ne doit lui reconnaître cette puissance que suivant les cas et les périodes des maladies. Il faut avoir présent à l'esprit que ce médicament , malgré l'héroïsme dont on l'honore à bon droit, n'est pas une panacée toujours constante et universelle ; qu'il ne peut être administré au malade qu'autant qu'il y a été disposé par le régime , et qu'on le voit souvent , quand on néglige ces précautions essentielles , et malgré son action sédative , donner naissance à des affections inflammatoires dont on est obligé bientôt de combattre la violence et le mauvais caractère.

Le mercure demeurera , si vous le voulez , un agent inexplicable ; il pourra occasionner ou détruire tour à tour des maladies sténiques , faire tantôt le bien et tantôt le mal , être en médecine une sorte de protée qui se présentera sous les formes les plus bizarres et les plus opposées ; il pourra être et faire tout cela sans que sa réputation et son avenir en soient moins assurés. Il conviendra seulement de l'étudier avec plus de soin qu'on ne l'a fait jusqu'à présent, pour en signaler les inconvéniens et en déterminer les avantages. Mais dès ce moment je crois qu'on peut affirmer qu'il est nécessaire, pour que cet agent thérapeutique manifeste son action antiphlogistique que l'inflammation contre laquelle il doit lutter ait été déjà diminuée, amoindrie, et qu'elle soit, en un mot, disposée à la résolution.

D'autres, je le sais, considèrent que le mercure ne saurait guérir les inflammations sans déterminer une action qu'ils appellent du nom de révulsive. Ainsi, d'après eux, ce serait en enflammant, en irritant les vaisseaux lymphatiques * ou les follicules muqueux du tube intestinal, qu'il ferait avorter les phlegmasies des membranes séreuses et de quelques organes parenchymateux. Et au fait, rien ne serait plus simple ; les vaisseaux lymphatiques seraient une nouvelle surface sur laquelle on viendrait provoquer la révulsion ; d'abord on n'en avait que deux sur lesquelles on pût faire développer ce phénomène pathologique : la peau et la membrane muqueuse intestinale ; actuellement on en aurait une troisième, celle qui s'offre dans la trame mille fois repliée, mille fois prolongée des vaisseaux lymphatiques. J'ai dit précédemment quelles étaient mes raisons

---

* Je ferai observer que je ne m'occupe dans ce moment que de l'*usage extérieur du mercure*, et que je reconnais l'*action révulsive* de ce médicament, quand il est employé à l'*intérieur*, à petite dose : dans certaines fièvres continues de mauvais caractère, on voit la fluxion sur les glandes salivaires produite par vingt ou trente grains de calomelas, déterminer une crise des plus heureuses ; dès que cette action révulsive s'établit, on remarque la disparition de tous les phénomènes morbides ; la chaleur de la peau cesse, la bouche s'humecte, le pouls devient normal, etc. : les médecins anglais, et notamment ceux qui ont exercé leur art au Bengale et à Batavia donnent, dans leurs ouvrages, un grand nombre d'observations où le mercure, administré à l'intérieur, s'est comporté comme je viens de le dire.

2

pour ne pas admettre cette manière d'agir du mercure , dont la théorie est d'ailleurs si séduisante.
J'ajouterai qu'il suffit de citer la guérison de l'érysipèle et du panaris par cet agent chimique , sorte de
médication où il est appliqué sur la surface même
qui est enflammée , pour démontrer combien est
illusoire cette explication.

Je ne me flatte pas de l'idée que les raisonnemens
que je viens de faire seront tellement bien protégés
par les faits que je me propose de vous soumettre ,
qu'ils ne puissent recevoir aucune atteinte ; mais j'es-
père cependant qu'ils auront jeté dans votre esprit
plus d'un doute sur l'action révulsive de l'agent médicamenteux dont nous nous occupons. Il est certain
que , tout examiné , on est plus satisfait de soi quand
on considère le mercure comme un antiphlogistique
précieux , qui nous offre encore des ressources alors
que les autres moyens nous ont trompés. Sans doute
qu'en se rapprochant d'une surface phlogosée , cet
agent se combine , s'enlace , si je peux m'expri-
mer ainsi , avec l'inflammation qu'il détruit en se
neutralisant ; je dis qu'il se neutralise , et je tiens à
cette expression ; car s'il demeurait toujours onguent
mercuriel , que deviendrait alors cette masse énorme
de mercure introduite dans nos organes ? Il existe
une autre objection puissante ; c'est que si le mercure
n'était pas neutralisé par le fait d'une chimie vivante
qui nous échappe , il agirait incontinent comme un

poison , et l'on verrait bientôt les produits de son intervention délétère. Mais , puisque cela n'a pas lieu ,
il faut donc que cette énergie funeste soit enrayée
par quelque chose ? Peut-être bien que les phénomènes que cette substance développe sont de la
nature de ceux qui surviennent à l'occasion de l'émétique, lorsqu'il est administré à la dose de trente grains
dans une pneumonie? Après l'administration de ce
sel d'antimoine , le malade n'a pas plus de gastrite
qu'il n'en avait avant ; mais s'ils n'ont pas déterminé une révulsion sur l'estomac , que sont donc
devenus ces trente grains d'émétique ? Ils sont allés
probablement , au moyen de l'absorption , jusque
dans les organes pulmonaires où ils se sont éteints,
dénaturés , annulés , après y avoir détruit la maladie qui s'y trouvait : l'inflammation et l'émétique ,
en se rencontrant, se seront neutralisés, comme deux
poisons mis dans un matras , de l'acide sulfurique
et de la potasse , par exemple , s'annihilent en se
combinant.

Comme la médecine ne s'enrichit que par les faits ,
il deviendrait bien inutile de prolonger davantage
toutes ces explications. Si on doit se défier des théories , et vous savez que c'est mon avis , on doit , à
l'opposite , accepter les faits qui paraissent incontes-
tables. C'est donc uniquement d'après les observations suivantes , que je vous présente sans y attacher
aucune importance personnelle , que je vous engage
à baser votre jugement.

Si je vous exposais ces observations dans toutes leurs phases , elles seraient trop longues pour la lecture que je me propose de vous faire aujourd'hui ; j'ai pensé , en conséquence , qu'il suffirait de vous en faire connaître le résumé.

1º Le domestique de M. Chauvin , ancien président du tribunal civil de Niort , ayant reçu , le 7 janvier 1837 , un violent coup de pied de cheval dans l'abdomen , présenta aussitôt tous les symptômes *d'une péritonite très-intense*. Pendant huit jours, le pouls demeura dur et serré , la peau brûlante , la figure animée , la langue rouge et le ventre très-ballonné et douloureux ; pendant ce même laps de temps, des vomissemens fréquens de matières verdâtres ; le hoquet , la constipation et la suppression de l'urine ne cessèrent pas d'avoir lieu. Cette maladie fut combattue activement par deux larges saignées , quatre-vingt-quinze sangsues sur l'abdomen , des cataplasmes sinapisés autour des pieds et des genoux, quatre larges vésicatoires , dont deux aux cuisses et deux sur le ventre , une diète absolue , et de l'eau gommée pour boisson. Mais malgré ces moyens , aucun des symptômes dont je viens de parler n'avait cessé ; la douleur du ventre , les vomissemens , le hoquet et la fièvre étaient toujours à peu près les mêmes ; il était donc évident que le malade allait bientôt succomber , quand il se trouva rappelé à la vie par l'emploi, pendant le huitième et le neuvième jours , de six onces d'onguent mercuriel en friction sur l'abdomen. Alors les vomissemens et le hoquet disparurent ; les selles et l'écoulement de l'urine eurent lieu , le pouls cessa d'être fébrile , et le malade commença à entrer en convalescence.

M. le docteur Assegond , qui a eu la complaisance de visiter deux fois ce malade pendant une absence que je fus obligé de faire, a eu connaissance de ce fait médical.

2° Le 18 janvier 1837, je fus appelé à Coulonges pour y donner des soins à M. Morillon père, âgé de 63 ans , qui était atteint , suivant l'opinion de MM. Ramier , Morillon fils et Cochard , qui le visitaient depuis quinze jours , d'une *gastro-céphalite des plus intenses*. On avait déjà épuisé tous les moyens antiphlogistiques ; le malade avait été saigné, il avait eu des sangsues sur l'épigastre , aux jugulaires et aux malléoles. Les révulsifs sur les membres inférieurs et même sur le tube intestinal , parce qu'on s'était aperçu que l'inflammation dominait dans l'encéphale, avaient été employés. Enfin , on avait eu recours, depuis quelques jours, aux lumières de notre confrère M. Gauné , qui avait approuvé et encouragé le traitement dont je viens de parler. Mais malgré ces précautions, le malade n'allait pas mieux, et c'est dans ces circonstances que je fus appelé auprès de lui.

Je le trouvai couché en supination , ayant les traits concentrés sur la ligne médiane , les pupilles larges et immobiles , et le globe de l'œil dirigé vers la paroi supérieure de l'orbite ; un coma profond semblait l'anéantir , et s'il en sortait parfois , c'était pour accuser , par monosyllabes souvent inintelligibles , une violente douleur de la tête ; la peau était sèche , aride , légèrement colorée en jaune , et le pouls , momentanément intermittent , offrait cette lenteur et cette largeur qui se présentent lorsque c'est un organe parenchymateux qui est frappé ; la bouche était sèche et la langue un peu rouge dans toute son étendue ; l'épigastre et les autres régions de l'abdomen ne paraissaient pas être douloureux à la pression ; des érysipèles très-étendus et fort rouges , produits par les applications réitérées des cataplasmes sinapisés se montraient sur toute l'étendue des membres abdominaux ; il y avait eu alternativement de la constipation et des selles liquides ; enfin les urines coulaient à peu près comme dans l'état normal.

Dans une telle occurrence , je pensai qu'on ne pouvait guère compter sur les moyens antiphlogistiques. Cependant je conseillai encore une saignée du bras , quelques sangsues au-dessous des apophyses mastoïdes , de la glace sur la tête et un seton à la nuque , moyens qui furent employés à l'instant même. Comme ces agens thérapeutiques n'amenaient aucun soulagement , je proposai le lendemain matin l'emploi de l'onguent mercuriel à haute dose , et afin qu'il agît avec plus de rapidité, je fis dénuder, à l'aide d'un vésicatoire, presque tout le sommet de la tête, conseillant particulièrement d'appliquer l'onguent mercuriel sur cette surface ainsi mise à nu. Il fut convenu, en même temps, que des frictions seraient faites sur l'abdomen. Lorsque, le 24, je fus demandé de nouveau auprès du malade, sept onces d'onguent mercuriel avaient été absorbées, dans l'espace de deux jours et demi ; alors j'eus la satisfaction de trouver M. Morillon dans un état meilleur, le coma avait peu à peu cessé ; les facultés intellectuelles étaient à peu près dans l'état normal, des sueurs avaient eu lieu, le pouls était moins lent et moins large ; enfin il était évident que ce malade, bien qu'encore très-faible, était sauvé *.

3° C'est le 8 mars que je fus demandé auprès de madame Faucher-Cardinal, qui demeure dans la rue Royale de cette ville. Cette dame avait une bronchite avec fièvre ; je la soignai suivant la méthode adoptée généralement dans cette maladie. Huit jours après ma première visite, la malade éprouvait beaucoup de mieux, lorsqu'il se manifesta tout-à-coup, ce qui

---

* Je dois vous faire observer que c'est avec une grande répugnance que M. le docteur Ramier, qui dirigeait plus particulièrement le traitement, se décida à recourir à l'usage du mercure. Ce ne fut que le 21 qu'il commença les frictions, parce que M. Morillon fils le désirait, et qu'il regardait peut-être le malade comme perdu. Cependant personne n'est plus convaincu que lui, aujourd'hui, que c'est à cette médication que nous devons le rétablissement, ainsi qu'il a eu, depuis, la loyauté de me le dire.

sans doute était dû à une métastase, une violente douleur dans l'aîne et dans la cuisse du côté droit, à la
suite de laquelle survint une vive inflammation *des
vaisseaux lymphatiques et du tissu cellulaire de la tota-
lité du membre.* La cuisse et la jambe avaient doublé
de volume dans vingt-quatre heures. Je conseillai
d'abord l'application de soixante sangsues, qui furent
appliquées à la partie interne de la jambe et de la
cuisse. La douleur diminua beaucoup ; mais il n'en
fut pas de même du gonflement. Alors je commençai
à faire frictionner tout le membre avec une once et
demie d'onguent mercuriel mêlé avec partie égale
de cérat bien frais ; il y eut un peu de mieux
après trente-six heures de ce traitement ; cependant
la malade ayant désiré voir M. le docteur Assegond,
ce médecin vint aussitôt et continua à la visiter avec
moi. L'usage du mercure ayant été approuvé par
mon confrère, nous le continuâmes en y joignant un
bandage roulé. Bientôt nous eûmes une améliora-
tion encore plus prononcée; nous venions d'employer quatre onces et demie d'onguent mercuriel ;
mais comme la malade se plaignait d'éprouver un
peu de chaleur à la bouche, nous cessâmes ce médicament pour faire usage de l'iodure de plomb, qui
termina, en quelques jours, ce qui avait été com-
mencé par le mercure, et ce que ce dernier agent
eût infailliblement fait tout seul si nous n'avions pas
craint la salivation.

4o Madame R...., de Niort, âgée de trente-
deux ans, d'un tempérament bilioso-sanguin, est
sujette depuis plusieurs années à un *érysipèle* qui
se manifeste particulièrement dans la région lom-
baire, et quelquefois aussi, en même temps,
sur le côté gauche de l'abdomen jusqu'à la ligne
blanche. Chaque fois qu'elle était atteinte de cette
maladie, qui était toujours accompagnée de fièvre
et des symptômes de l'embarras gastrique, ce n'était
qu'après quinze jours à trois semaines d'un traitement par la saignée, les bains entiers, la diète, les
délayans et les purgatifs que je parvenais à en triom-
pher. Encouragé par les observations que je viens de
vous rapporter, sur les bons effets du mercure dans
les inflammations, je résolus de traiter cet érysipèle
avec ce nouveau moyen, dès qu'il se montrerait.
Je n'attendis pas long-temps ; car le 28 mars de
cette année, je fus appelé auprès de madame R....
Alors, après avoir pratiqué une saignée du bras et
prescrit un régime adoucissant, je fis étendre tout
de suite sur la surface malade trois gros d'onguent
mercuriel, et ordonnai qu'on répéterait, de six heures
en six heures, l'usage de ce médicament et toujours
à la même dose. Comme la prescription se fit avec
la plus grande exactitude, nous avions consommé,
dans quatre jours, six onces d'onguent mercuriel et
guéri tout-à-fait, dans ce court espace de temps,
une affection qui avait coutume de durer quelquefois bien près d'un mois entier.

5° Enfin , je terminerai ces observations , déjà beaucoup trop longues , en ajoutant que j'ai fait avorter trois panaris avec des frictions d'onguent mercuriel. Les sujets de ces faits médicaux sont la fille Souchard , la domestique de madame Pastureau, et l'un des enfans de M. C. L. Les douleurs furent apaisées promptement et il n'y eut pas de suppuration. Je dois à la vérité de dire que je n'ai pas pu guérir , par ce moyên , deux autres panaris , pour lesquels je fus obligé de pratiquer une incision.

Voilà , Messieurs , ce que je me proposais de vous dire touchant une médication encore peu connue , et qui , si je ne me trompe , promet à la médecine pratique quelques triomphes de plus. Dans les faits pleins d'authenticité que je viens de vous soumettre , l'intervention puissante du mercure , quelle qu'ait été sa manière d'agir , me semble difficile à controverser. N'est-ce pas , en effet , dans la plupart de ces observations , au moment où les moyens anti-phlogistiques ont totalement échoué , qu'il termine la maladie avec une rapidité telle qu'on ne saurait , sans ingratitude , lui refuser tout l'honneur de la victoire ?

Chez le premier malade , celui qui était atteint d'une péritonite , la vie prête à s'éteindre fut subitement ranimée par l'absorption , en quelques heures, d'une forte dose de molécules mercurielles ; il en fut de même chez M. Morillon , dont la violente

céphalite , qui faisait croire à l'existence d'un épan-
chement de sérosité dans les ventricules du cerveau,
s'est si merveilleusement dissipée devant l'énergique
action de ce précieux agent.

Ainsi , ce serait donc avec raison que plusieurs
médecins , parmi lesquels nous citerons Vaudeu-
zande, Forget , Odiet , Serres , Velpeau , Liégard
et Coindet, auraient eu l'idée d'employer cette substance minérale , les uns dans la péritonite et l'érysipèle , et les autres dans les fièvres cérébrales et les
hydrocéphales aiguës. Honneur et reconnaissance
alors à ces observateurs qui , malgré le génie de leurs
prédécesseurs et la satiété de notre siècle , s'ex-
posent à produire encore , et qui , dans la carrière
souvent aride des sciences physiques , perpétuent le
difficile mérite de l'invention !

Suivons, Messieurs , la voie qui nous est tracée
par ces praticiens célèbres ; tâchons de parvenir ,
par l'étude des faits et des moyens médicamenteux ,
à cette perfection dont la médecine de nos jours
paraît susceptible : expérimentons toujours ; cela
vaudra mieux que de nous borner à l'emploi si
décevant du mot *inflammation* pour toute théorie
médicale , et du mot *sangsues* pour tout modificateur
de l'économie ; que de nous cramponner, en un mot,
à cette doctrine de l'irritation qui semblait s'être
arrogée le monopole de la vérité , et qui a déjà
subi , graces aux Magendie, aux Andral, aux

Fouquier et au bon sens de tout le monde , des restrictions manifestes et profondes.

Ne croyons pas qu'il soit donné à un seul homme de réédifier, sur le terrain mouvant de la médecine, les anciennes colonnes d'Hercule ; car aucun médecin , fût-il un homme de génie, n'a le droit de proclamer qu'on n'ira pas au-delà de son système. Étrangers à toute prévention , interrogeons la nature de bonne foi ; poursuivons l'objet de nos études avec une persévérance toujours active : la témérité a ses dangers , sans doute ; mais nous répondrons à ceux qui auraient la prétention d'être plus sages que nous, que l'extrême timidité ne permet jamais ces heureuses tentatives auxquelles est dû si souvent le salut de malades dont on désespérait.

Le mouvement est dorénavant imprimé , et ce serait en vain que la routine et l'obstination se réuniraient pour repousser les idées neuves qui surgissent de tous les côtés ; sur tous les points , en France comme hors de France , on s'occupe de l'application plus exacte des agens thérapeutiques tant anciens que nouveaux. Des observations sont faites pour en estimer la valeur ; des Mémoires qui en résument les effets avantageux ou nuisibles sont journellement adressés aux corps académiques ; et dans cette volonté qu'on a de substituer à des théories trop exclusives des données plus conformes à l'expérience , chacun s'empresse de fournir le résultat

de ses découvertes, et d'apporter quelques semences
pour le champ que des mains savantes sont appelées
à cultiver.

Encore quelques années , et la création d'une
matière médicale fondée sur l'observation n'éprou-
vera plus d'entraves ; mais pour faire l'essai des différens élémens dont la réunion doit la composer , il
n'est pas nécessaire que tous les médecins soient
d'accord entre eux ; l'incertitude et le doute règne-
ront encore quelque temps , et si l'on voulait qu'ils
fussent dissipés pour se prononcer , on ressemblerait
un peu trop à ce voyageur dont parle Horace , qui
attendait pour passer un fleuve que ce fleuve se fût
écoulé.

At ille
Labitur , et labetur in omne volubilis ævum.

FIN.

Niort. — Imp. de Morisset.

www.ingramcontent.com/pod-product-compliance
Lightning Source LLC
Chambersburg PA
CBHW070746210326
41520CB00016B/4600